园林项目经理
成长手记

刘 鼎 赵 安 曹晓跃 简 兵 编著

江苏凤凰科学技术出版社·南京

图书在版编目（CIP）数据

园林项目经理成长手记 / 刘鼎等编著 . -- 南京 ：
江苏凤凰科学技术出版社，2024.3
ISBN 978-7-5713-4299-9

Ⅰ．①园… Ⅱ．①刘… Ⅲ．①园林－工程项目管理
Ⅳ．① TU986.3

中国国家版本馆 CIP 数据核字 (2024) 第 057761 号

园林项目经理成长手记

编　　　著　　刘　鼎　赵　安　曹晓跃　简　兵
项 目 策 划　　凤凰空间／艾思奇
责 任 编 辑　　赵　研　刘屹立
特 约 编 辑　　艾思奇

出 版 发 行　　江苏凤凰科学技术出版社
出版社地址　　南京市湖南路 1 号 A 楼，邮编：210009
出版社网址　　http://www.pspress.cn
总 经 销　　天津凤凰空间文化传媒有限公司
总经销网址　　http://www.ifengspace.cn
印　　　刷　　河北京平诚乾印刷有限公司

开　　　本　　889 mm×1 194 mm　1 ／ 32
印　　　张　　3.5
字　　　数　　56 000
版　　　次　　2024 年 3 月第 1 版
印　　　次　　2024 年 3 月第 1 次印刷

标 准 书 号　　ISBN 978-7-5713-4299-9
定　　　价　　59.80 元

图书如有印装质量问题，可随时向销售部调换（电话：022-87893668）。

目录

1

项目管理必备技能

1.1 开篇

每个人在踏进社会的时候都会有雄心壮志，李睿也不例外，他从毕业那天开始就坚信自己是终将会发光的金子。

虽说"一入工程深似海，从此安逸是路人"，但他一直坚守在工作岗位上，不断打磨自己，等待着一个让自己发光的机会。

吃过午饭的李睿回到办公室，构思马上要交的年终总结。可是回忆这一年的工作确实是考验记忆力，好在他平时有做工作日志的习惯，这时候拿出来复盘，事半功倍。

哈哈哈，你小子说话还是这么有趣。张总要离职的事情你听说了吗？原计划这个项目是准备让你做生产经理，跟着张总再历练历练。等这个项目做完，你就可以挑战做项目经理了。但是现在这个情况，只能改变计划。

刘总，无论怎么改变，我能做到的一定尽力。不论是谁来做这个项目经理，我都会认真配合。

你的一级建造师和中级职称都已经拿到手，并且大大小小的项目也经历了这么多个，我想直接让你做项目经理，负责这个项目。这对你来说是个挑战，同时也是个机遇，如果你愿意尝试，等这个项目做完，你会经历一次完美的蜕变。

我真的可以吗？虽然对自己的专业技术方面有信心，但管理这方面属实是"没吃过猪肉只见过猪跑"。我很想接受这个挑战，但就是怕自己做不好给公司带来损失。

1. 招标文件的关注要点

招标文件的关注要点

序号	关注要点	注意事项	备注
1	项目简介	项目名称、地址等	—
2	现场踏勘时间	时间、联系人	了解这些时间节点可以更加合理地安排工作,在不影响当下生产任务的前提下更好地配合投标工作
3	截标时间	—	
4	送样时间及相关要求	样品具体要求	
5	答疑回复时间	—	
6	工期	—	
7	招标范围	避免缺项、漏项或超范围报价	通常一起考虑
8	承包方式	固定总价合同要避免缺项或漏项	
9	是否有甲方供应材料	甲方供应材料的运输、保管、质保、违约、损耗等费用	注意甲方供应材料的运输、保管等费用是否需要我方承担,注意甲方供应材料不合格或者延迟供货等情况所造成的索赔如何约定,注意甲方供应材料如何计算损耗等。例如甲方供应石材,投标时重点要考虑材料的搬运以及铺贴过程中的损耗;如果是价值较高但又容易丢失的,例如布品、摆件,则要考虑如何保管以及相应的费用;甲方供应苗木报价时一定要注意包含保活费用
10	团队人员要求	人员配置要求、施工业绩要求	要注意团队人员配置的特殊要求,尤其是对管理人员持证上岗的要求
11	付款条件	付款形式(现金、银行承兑、商业承兑等)、是否需要抵房等	—
12	技术要求	重点关注面层材料技术要求	这是最容易被忽视的方面,一定要看主要的技术要求,尤其是将来会额外增加费用的技术要求

2. 熟悉图纸方面

看完招标文件，紧接着熟悉图纸，主要是为了能够在现场踏勘的过程中有针对性地发现问题。在这个阶段的看图虽然不需要看得很仔细，但是需要达到以下几点要求：

①了解项目主要构筑物的位置、形式，如围墙、水景、亭台廊架、假山等，了解项目的复杂程度，预估项目工期，同时在接下来的现场踏勘中，重点了解主要构筑物的场地情况、地基情况、物料运输情况等。

②了解项目苗木表中的大乔木、中乔木的栽植位置，便于在现场踏勘过程中规划运输栽植路线，重点考察是否存在机械无法到达的栽植位置。

③了解项目的室内外标高关系，便于在踏勘的过程中结合建筑的正负零标高，了解现场场地的平整情况，对将来土方的施工工程量有一个大致的估算。

1. 建造师和项目经理的区别

建造师是指从事建设工程项目总承包和施工管理关键岗位的执业注册人员，而项目经理是一种职业，是企业设立的一个岗位。人员取得建造师执业资格表示其知识和能力符合建造师执业的要求，但其在企业中的工作岗位则由企业视工作需要和安排而定。

2. 项目经理的约定

①项目经理应为合同当事人所确认的人选，并在专用合同条款中明确项目经理的姓名、职称、注册执业证书编号、联系方式及授权范围等事项，项目经理经承包人授权后，代表承包人履行合同。

②项目经理应是承包人正式聘用的员工，承包人应向发包人提交项目经理与承包人之间的劳动合同，以及承包人为项目经理缴纳社会保险的有效证件。承包人不提交上述文件，项目经理无权履行职责，发包人有权要求更换项目经理，由此增加的费用和（或）延误工期由承包人承担。

③项目经理应长驻施工现场，且每月在施工现场的时间不少于专用合同条款约定的天数，项目经理不得同时担任其他项目的项目经理。项目经理确须离开施工现场时，应事先通知发包人和监理人，并取得发包人的书面同意。在项目经理的通知中，应载明临时代行其职责的人员及其注册执业资格、

管理经验等材料，该人应具备履行相应职责的能力。

④承包人违反上述约定时应按其专用合同条款的约定承担违约责任。

3．项目经理应履行的职责

①贯彻执行国家和工程所在地政府的有关法律、法规和政策，执行企业的各项管理制度。

②严格财务制度，正确处理国家、企业与个人的利益关系。

③执行项目承包合同中由项目经理负责履行的各项条款。

④对工程项目施工进行有效控制，执行有关技术规范和标准，积极推广新技术，确保工程质量和工期稳定，实现施工安全、文明生产，努力提高经济效益。

4．项目经理的权利

项目经理在承担工程项目施工管理过程中，应当按照施工企业与建设单位签订的工程承包合同，与本企业法定代表人签订项目承包合同，并在企业法定代表人授权范围内行使权利，主要有以下几点：

①组织项目管理班子。

②以企业法定代表人的身份处理与所承担工程有关的外部关系，受托签署相关合同。

③指挥工程项目建设的生产经营活动，调配并管理进入工程项目的人力、资金、物资、机械设备等生产要素。

④选择施工作业队伍。

⑤进行合理的经济分配。

⑥企业法定代表人授予的其他管理权利。

施工企业项目经理往往是施工方的总组织者、总协调者和总指挥者，他承担的管理任务不仅依靠所在项目经理部的管理人员来完成，还依靠整个企业各职能管理部门的指导、协作、配合和支持。项目经理不仅要考虑项目的利益，还应服从企业的整体利益。企业是工程管理的大系统，项目经理部则是其中一个子系统。过分强调子系统的独立性是不合理的，对企业的整体经营也是不利的。

5. 变更项目经理

承包人需要更换项目经理的，应提前14天书面通知发包人和监理人，并征得发包人书面同意，通知中应载明继任项目经理的注册执业资格、管理经验等资料，继任项目经理应履行约定职责。未经发包人书面同意，承包人不得擅自更换项目经理。承包人擅自更改项目经理的，应按照专用合同条款的约定承担违约责任。

2

项目规划

2.1　实地踏勘看什么

知识链接

1. 踏勘需要关注的要素

①自然环境：雨季、冬季、土壤条件、地下水位、风向风力等。

②社会环境：项目外围的交通情况、当地的环保政策要求和社会关系等。

③建设方的需求：建设方对于配合规划验收、竣工备案验收、第三方测评等方面的特殊需求。

④现场条件：人员食宿问题、现场"三通一平"（水通、电通、道路通和场地平整）以及其他需要在现场关注的因素。

2.踏勘应注意的细节

（1）项目所在地的冬季温度

冬季时在 0℃以下地区施工，一定要在给水管道中（包括灌溉用水以及景观水景用水等）增加泄水阀，设置泄水井。入冬前要将管道中的水排空，避免入冬后管道中的水发生冻胀从而破坏管道。

（2）施工现场的土壤

土壤除了影响绿化施工，对园建施工也有着不可忽视的影响。遇到淤泥多或板结的土壤，机械和人工在进行土方开挖、回填、平整、夯实等工作时都要付出额外的成本。

（3）施工场地的地下水位

在地下水位较高的情况下，景观构筑物的基础在开挖时必须要做降水处理，此外，景观基础也必须要做额外的加固措施，防止后期沉降。如果设计时未考虑到这一点，我们要及时指出并要求出设计变更，增加费用。

（4）交通管制要求

考察项目周边的道路是否满足施工的需求，是否有限高、限宽或者限重等区域。考察时要重点考虑混凝土罐车等偏重车辆以及运输苗木的超长车辆如何通行。大型的展会或者节庆活动时会有交通管制，需提前做好规划，避免材料无法进场。

（5）环保政策要求

要了解当地环保部门的具体要求，在投标报价的时候充分考虑配合环保要求产生的相关费用。

（6）施工时间

如果项目周边有居民区，为避免扰民，22 点到次日早上6 点之间是不能施工的，如果必须在夜间施工就要注意控制噪声和灯光。如果项目周边有学校，施工时要注意控制噪声，避免影响学生的学习。此外，还要重点关注学校是否被设置为中考或者高考考点，考试期间，工地白天不允许施工。

（7）其他方面

①尽可能地对项目当地的社会关系进行摸底，明确接水、接电的地点及所需管线的用量等。

②观察施工道路能否满足施工车辆的要求，材料运输是否需要二次倒运或者更换车辆。

③观察场地是否可以满足吊车支设，现场是否可以堆放材料。

④根据图纸的室内外标高关系，大致判断现场的土方情况，确认是需要进土还是外排。

⑤注意施工范围内是否有需要做特殊成品保护的设施。

⑥留意建筑主体外立面的材质和颜色，因为景观施工中很多材质的颜色要求与建筑外立面颜色相同，这样在后续送样、报价时就可以更加有针对性。

3. 现场踏勘清单

现场踏勘清单

关注的要素	序号	关注要点	注意事项
自然环境	1	雨季	时间、特点、对施工成本的影响等
	2	冬季	时间、特点、冻土深度、对施工成本的影响等
	3	土壤条件	是否盐碱、板结，种植土采购成本、对施工成本的影响等
	4	地下水位	对植物生长的影响、对基础结构施工的影响、对施工成本的影响等
	5	风	冬季风向、项目内部风口位置、对于植物生长、支撑搭设的影响等
社会环境	1	项目外围交通	车辆限行规定、是否有交通管制、运输通道是否顺畅、是否需要占道施工等
	2	环保	雾霾、大风天气的影响，扬尘管控措施、项目特殊要求
	3	扰民	距学校和居民区的距离
	4	社会关系	建设方、总包方、供应方是否有特殊要求
建设方特殊要求	1	规划验收	验收需要具备的条件、对工期的影响、对成本的影响
	2	竣工备案验收	验收需要具备的条件、对工期的影响、对成本的影响
	3	第三方测评	对工期的影响、对成本的影响
现场条件	1	食宿	是否具备食宿的条件
	2	"三通一平"	场地平整情况、是否有沟渠及地下管线

2.2 图纸答疑怎么准备

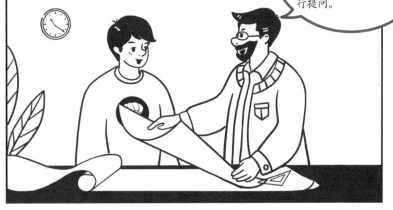

园林工程主要从施工范围、园建图纸、绿化图纸、给水排水图纸和电气图纸几个方面查看，并进行提问。

园林项目经理
成长手记

图纸答疑注意事项

投标阶段图纸答疑注意清单

序号	关注要点	注意事项
1	施工范围	明确施工范围，着重关注大门、围墙、建筑门头、车库出入口、沥青路、雕塑、运动游乐设施、音响系统等
2	园建图纸	重点关注结构是否满足功能要求、是否有隐患、索引标注是否准确完备、施工工艺是否合理等
3	绿化图纸	关注是否有不易于成活的苗木，是否有苗木表里的规格与真实苗木不符的品种，地被密度是否满足现场的实际需求
4	水电图纸	注意相关的规格参数是否满足实际需求，园林水电系统与主系统如何连接等

　　在这个阶段，如果项目管理人员有精力，可以参与到投标的算量与核量过程中，这对项目的整体经营有很大帮助。一是可以提前熟悉图纸；二是可以尽早地形成项目经营的思路，为报价提供建议；三是可以减少投标人员的缺项、漏项问题。

2.3 如何组建团队

21世纪什么最重要? 人才! 不管做什么项目, 都需要先有人、有团队。有了优秀的团队, 项目就成功了一半, 接下来你要考虑项目人员配置了。

这是招标文件对人员配置的要求, 具体人员的组建还需要刘总帮忙协调。

人员配置和要求清单					
一	××	××××	××××	××	××
1					
2					
3		以上同类工程工			
4					
5		以上同类工程工作			
6					
7		以上同类工程工作			
8					
9					
10					

1. 团队基本配置

项目团队的基本配置，至少要包括 1 名项目经理、1 名园建工程师、1 名绿化工程师，这 3 个人属于项目的核心配置，必须配备。其他人员如给水排水工程师、电气工程师、资料员、成本预算员等可以根据项目的实际情况进行配备。水电分部可以外包给劳务公司，资料员、商务专员、成本预算员等往往是一个人负责几个项目，也可以找兼职人员。

需要重点强调的是，目前很多项目都没有配置专职的安全员，但至少要有兼职安全员。安全无小事，要时刻牢记安全第一。根据目前国家的相关规定，一旦出现伤亡事故，会采取停工整顿、罚款等行政处罚手段，如果发生了死亡事故，直接经济损失至少 100 万元以上。可以考虑为相关人员购买工地意外险，尽量降低风险。与其事后弥补，不如事前预防。

2. 团队配置原则

首先，一个项目的成败，关键在于项目经理，项目经理的人选一定要慎重。项目经理的技术能力不一定是团队最强，但一定要擅于把团队整合在一起，让专业工程师发挥出应有的技术水平。项目经理一定要关心成本，为公司盈利是一名项目经理最核心的技能。

其次，专业工程师要能够和项目经理有所互补，除了专业互补，也要尽量考虑性格互补。如果项目经理的脾气比较火爆，那么最好能给他配备较稳重的专业工程师，这样大家工作起来才能相得益彰。

再次，团队核心成员要尽量稳定。核心成员稳定，就可以有效地缩短成员间的磨合时间，这一点对于工期紧张的项目尤其重要。但是在尽量保证核心成员稳定的同时，也要定期、适度地轮换一些人员进入项目团队，一是可以避免项目团队形成稳定的利益团体，出现一些不可控的风险；二是可以为项目团队带来一些新的理念和经验，促使整个团队不断进步。

最后，工期紧的项目要给项目经理配备助理，协助项目经理处理日常事务，如填表、记账等，要让项目经理有充足的时间去琢磨整个项目的经营管理，而不是被每天鸡毛蒜皮的琐事搞得鸡飞狗跳。

园林项目经理
成长手记

2.4 项目启动会怎么开

园林项目经理
成长手记

1. 项目启动会

项目启动会的首要作用是告知项目部及公司各职能部门，本项目已经立项，可以正式启动，开始对项目进行实质性的操作。

一般由项目经理牵头，邀请涉及本项目的公司层面的主要负责人参与，包括工程总监、招标投标人员、公司相关职能部门（如财务、人事、成本、技术等）的负责人以及项目部的所有成员。

2. 明确组织架构及职责

明确项目团队的人员架构以及各个成员的职责，同时要明确公司职能部门的具体对接人以及项目部与公司职能部门之间的职责划分。

3. 投标交底

首先，由投标负责人向项目团队交底投标情况，明确项目是属于正常的公开招标还是邀请投标的项目。邀请投标的项目一般是建设方有某些特殊需求，如要打造一个区域标杆，在施工时就要重点关注这些需求，尽全力达到建设方的预期。

其次，要交底建设方的项目组织架构，使项目成员明确对应的关系维护人。

最后，要把投标过程中遇到的问题以及施工过程中要注意的具体事项做一个详细的介绍。

4. 合同交底

向项目团队交底合同的重要条款，如工期、付款条件、结算注意事项、验收注意事项、养护期等。

5. 明确项目目标

项目目标可以分为安全目标、工期目标、质量目标、利润目标、口碑目标。项目启动会需要统一认识，明确本项目对于公司的意义以及目标之间发生冲突时的优先级。

①安全目标：任何目标都不能与安全目标相比较。安全问题不仅涉及直接经济损失，还涉及社会责任和企业责任。

②工期目标、质量目标以及利润目标：大部分情况下，这三个目标不能同时满足，本次会议就要根据具体情况明确这几个目标间的优先级。

工期目标属于底线目标，有时也会因各种原因而不能实现。若场地条件不具备，项目实际移交时有效的施工时间已经严重不足，需要提前与建设方积极沟通。

工期延误的相关资料一定要及时找建设方、监理等相关人员签字确认，为将来的工期索赔和维修索赔保留证据。值得强调的一点是，建设方的口头要求或口头答应的事情一定要落实到书面，哪怕有个草签单也可以，重点是要留痕。

　　遇到质量目标和利润目标发生冲突的情况，也要根据会议上确定的目标间的优先级进行取舍。不同目标之间一定要有优先级，一旦目标间发生冲突，要果断取舍，避免犹豫不决，免得"赔了夫人又折兵"。如果当前施工的项目被列为标杆项目，就意味着质量目标的优先级要高于利润目标。一旦两者发生冲突，首先要考虑的是如何满足质量目标，然后才是在满足质量目标的前提下满足利润目标。

　　③最后是口碑目标。一个项目的口碑目标不只是建设方与合作单位的满意度，还有可能是小业主、周边居民，甚至是一个城市、一个地区对施工单位的评价，要时刻注意施工过程中的服务及配合、文明施工的形象展示、对外的形象宣传等。

3

项目分析与准备

3.1 如何编制施工组织设计

李睿向大家讲解施工组织设计的内容。

分组讨论施工过程中可能遇到的技术问题。

1. 施工组织设计

　　施工组织设计是以施工项目为对象编制的，用以指导施工技术、经济和管理的综合性文件。按设计阶段和编制对象不同，分为施工组织总设计、单位工程施工组织设计和施工方案三类。

　　施工组织设计应包括编制依据、工程概况、施工部署、施工进度计划、施工准备与资源配置计划、主要施工方法、施工现场平面布置及主要施工管理计划等基本内容。

工程概况就是综合整个项目的特点，对地点、人工、材料、机械等资源供应情况以及施工环境、施工条件等方面进行评估和概括。施工进度计划基本上反映了最佳施工方案上时间的安排，使工期、成本、资源等方面达到优质配置。施工平面图是施工方案及施工进度计划在空间上的全面安排，使整个现场能有组织地进行文明施工。

2. 施工组织设计的编制原则

①符合施工合同或招标文件中有关工程进度、质量、安全、环境保护、造价等方面的要求。

②积极开发、使用新技术和新工艺，推广应用新材料和新设备。

③坚持科学的施工程序和合理的施工顺序，采用流水施工和网络计划等方法科学配置资源、合理布置现场，采取季节性施工措施，实现均衡施工，达到合理的经济技术指标。

④采取技术和管理措施，推广建筑节能和绿色施工。

⑤与质量、环境和职业健康安全三个管理体系有效结合。为保证持续满足过程能力和质量保证的要求，国家鼓励企业进行质量、环境和职业健康安全管理体系的认证制度，且目前这三个管理体系的认证在我国建筑行业中已较为普及，并且企业内部建立了管理体系文件，编制施工组织设计时，不应违背上述管理体系文件的要求。

3.2 如何编制总成本预算和资金需求计划

1. 直接费用、间接费用和税金

①直接费用：为了工程实体所发生的费用，以及为了实现工程实体所发生的费用，这一部分费用可以简单地理解为我们平常总说的人（工）、材（料）、机（械）。

②间接费用：政府规定要缴纳的费用，以及企业组织项目生产所发生的费用，主要是规费和企业管理费。

③税金：除了直接费用和间接费用，还有一项重要的成本支出，那就是税金。对园林工程项目来说，分为普票、专票、免税票，税金不同，差别很大。

2. 编制总成本预算

在编制总成本预算时，主要的依据是合同清单和图纸。成本列项要尽量详细且全面。编制总成本时要注意计算材料的损耗费用、辅材或零星材料的费用以及措施费等，经常发生的主要有安全文明施工措施费、环保措施费、冬季施工措施费、雨季施工措施费、反季节栽植措施费、赶工措施费、临时设施费、检测试验费、养护费、维修费、换苗费等。

①要根据图纸仔细核对工程量清单。

②初步选定供应商之后，要对所有劳务、机械、材料的价格进行摸底，并与投标时询到的参考价做对比，有针对性的一一分析，不能只填最低价。明显不合理的价格应要求供应商

澄清，强调报价的严肃性，确保询价的准确性，这有利于编制出真正有指导意义的总成本预算。

③分析成本关键项。成本要"抓大放小"，只要控制好成本关键项，整个项目的成本就能处于可控范围。控制成本关键项首先要关注总价高的，其次要关注单价高的，再次要关注损耗大的，最后关注不容易控制的。

④预留成本。有条件的话要预留一部分成本。这个成本的作用很多，如提升景观效果。预留方法为图纸优化、苗木调整、结构优化等。

3. 制定资金计划

各个建设方的付款周期是不一样的，要了解清楚请款流程。根据公司的资金使用规则，结合对项目回款情况的预判，做出整个项目周期内每个月可以支配的资金，再编制对供应商和劳务班组等付款的计划。这样在与供应商、劳务班组讨论付款的时候，可以做到心里有数。

①项目启动期：在项目部初建、项目马上要启动的时候，资金计划里优先要考虑的是需要付现金的部分，即项目启动资金。

②项目前期：项目开始施工以后，资金计划里需要重点考

虑人工费、机械费、五金材料费。寻找可以长期合作的材料供应商，月结费用，可以省出很多时间成本。

　　③项目中、后期：到了项目中期，资金计划里需要考虑的主要是饰面材料和苗木的费用，尤其是需要预付款的材料，避免因忘记申请相关款项而导致材料无法进场。项目后期重点关注农民工工资的支付，要确保农民工工资专款专用，不得拖欠。

4

工程施工的节奏与要点

4.1 现场布置需要注意什么

1. 现场布置图

现场布置图一般直接画在施工平面图上，施工通道要形成环路，且要设置两个及以上的施工出入口。

2. 工人生活用房

优先考虑借用总包的宿舍。总包的生活区设施一般配备得比较齐全，如食堂、卫生间、淋浴间、超市、消防设施等。如果不能借用，则需要考虑搭建生活用房，要重点考虑水电的连接及食堂、卫生间、淋浴间的布置。

不管采用哪种方式，都需要有相应的管理制度，配备足够的消防器材，确保安全用电、安全用火，还要保证生活区的卫生，尤其是食堂的卫生。

3. 库房

库房位置要选在对施工影响较小且可以最后再施工的地方。注意防火，配备足够的消防器材。需要重点注意的是库房里不允许存放汽油，农药需要单独保管并有相应的管理制度和用药记录。一切管理制度要遵守国家相关法律法规，符合安全规范。

4. 施工通道

施工通道前期主要结合现场已存在的临时道路。进场后，在条件具备的情况下要尽快完成消防道路基层的施工，为后续施工提供便利。

施工通道要尽量形成环路，而且整个现场要有两个以上的进出口，避免因局部被堵而造成整个现场的交通瘫痪。

5. 材料堆放场地

在设置料场的时候，既要考虑到材料堆卸的便捷，又要考虑减少将来材料使用时候的二次搬运。料场要随着施工进度灵活设置，尤其是后期铺装阶段，要尽量把沙子、水泥、石材堆放到铺装区域附近。

4.2　基础测量需要注意什么

园林项目经理
成长手记

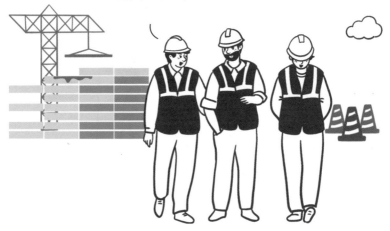

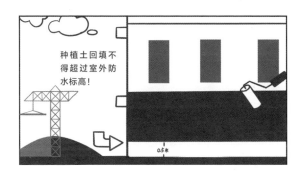

基础测量要点

①明确标高基准点以及坐标基准点。首先和建设方确认这两个基准点的位置以及具体数值，实地拍照并签字确认。随着施工的进行，建设方最初提供的标高基准点以及坐标基准点有可能会被破坏，所以要及时将标高基准点及坐标基准点引入到施工范围内并妥善保护起来。

②复核现场建筑物，查看使用的标高和坐标是否有偏差。如果有偏差，要及时与建设方沟通。

③测量红线范围，查看红线附近是否有障碍物，是否能够完全按照图纸施工。

④明确建筑物的防水标高。这是最容易忽略也是最容易带来隐患的地方，一定要保证种植土回填标高不能超过防水标高，以防室内发生渗漏。

4.3　如何开技术交底会和安全交底会

小贴士：

"图纸会审记录"是重要的结算资料，签字、盖章前要仔细核对内容，避免造成损失。

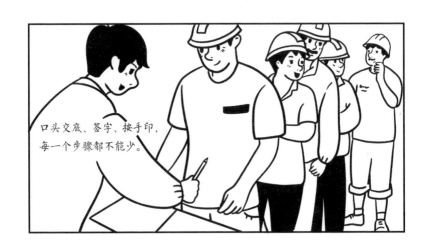

口头交底、签字、按手印，
每一个步骤都不能少。

1. 图纸会审

图纸会审是指工程各参建单位（建设单位、监理单位、施工单位等相关单位）在收到施工图审查机构审查合格的施工图文件后，在设计交底前进行的全面且细致地熟悉和审查施工图纸的活动。

图纸会审需要关注的要点如下：

①关注投标阶段图纸答疑时提的问题有没有解决。

②结合施工现场的条件，判断按照图纸施工能否顺利落地。

③图纸是否有可以优化的地方。

④留意图纸会审记录是否准确体现了会议的成果。

⑤口头沟通的会审意见一定要准确体现在图纸会审记录上，避免留下隐患。

2. 技术交底

技术交底是把设计要求和施工措施贯彻到基层的有效方法，是技术管理中的一项重要环节，由设计交底、项目技术交底和分项工程施工技术交底组成。每一单项或分部分项工程开始前，均应进行技术交底工作。

（1）设计交底

一般由建设方组织，由设计负责人对项目所有管理人员进行交底，主要是关于项目设计思路及理念、项目效果的交底。设计交底的目的是让管理人员准确理解设计意图，避免施工过程中关于设计效果出现较大分歧。

（2）项目技术交底

一般是由项目技术负责人或项目经理向项目部全体成员以及各个专业分包的管理人员进行的交底。项目技术交底侧重于施工图的落地，二次深化或优化后的部分要重点进行交底，避免按照原图施工的情况发生。

交底内容要包含工程特点，工程重难点，主要工程目标，主要施工方法，进度、质量、安全、文明等方面的保证措施，以及项目承包管理等内容。

施工过程中的重难点要重点分析，如项目软硬景施工的控制要点，绿化、园建、水电材料控制及实物样板的要求，安全管理要求和停止点检查等内容。

根据工程自身的特点，对工程主要施工方案和具有较高施工难度、较大危险性的分部分项工程的施工技术、重点部位的施工做法与技术要求、施工质量控制要点等进行重点交底。

（3）分项工程施工技术交底

一般是由项目技术负责人、项目经理或者专业工程师向作业班组进行的交底。对于一般分项工程，交底到班组管理层面即可，但防水、土方回填、地形营造、道路面层铺装、苗木修剪、养护管理等关键分项工程需要交底到工人层面。

分项工程施工技术交底主要内容包括：

①施工图纸中必须注意的尺寸、标高以及重要控制点的准确定位。

②主要使用材料和栽植苗木的品种、等级、质量要求等。

③根据相关规范、施工组织设计及施工方案交代施工方法、施工顺序、工序搭接、工序配合等具体要求，并具有可操作性。

④明确质量标准，施工要求，以及为保证实现有关质量、安全、成本、进度等各项目标而要求班组必须执行的具体措施。

技术交底一定要注意口头与书面交底相结合，所有参与人员必须在交底文件上签字。不能只是走形式的在交底文件签字，一定要通过口头的宣讲，让每一个参与交底的人员真正了解交底的内容，同时也要避免交底只是停留在口头上，而没有文字依据。

3.安全技术交底

安全技术交底简称为安全交底，属于技术交底的一种。

（1）安全技术交底的分类

①按施工工种进行的安全技术交底。所有工种都必须做安全技术交底，尤其是对新进场的工人。针对特殊工种要做有针对性的交底，园林工程常见的特殊工种有电工、电焊工、吊装工、各种机械操作工等，另外修剪工和铺装工也要做有针对性的交底。

②按分项、分部工程进行的安全交底。如围墙砌筑时需要搭脚手架，就要进行相应的安全技术交底等。

③采用新工艺、新技术、新设备、新材料施工时进行的安全技术交底。这一方面涉及较少，如果有所涉及，要结合建筑施工有关安全防护技术进行交底。

（2）安全技术交底的内容

①描述即将实施的工作内容。

②指出可能使用到的机具及材料。

③指出环境及作业条件的影响。

④指出需要的资质或者培训。

⑤指出对人员的要求。

⑥指出施工工艺的步骤及顺序。

⑦指出每个步骤存在的风险。

⑧告知消除或者降低风险应采取的措施，并告知相应的应急救援措施。

（3）安全技术交底需要关注的要点

①在工程开工前，项目工程技术人员要将工程概况、施工工艺方法、安全操作规程的基本要求、安全技术措施等向分包负责人、分包班组长、工人进行详细的交底，并确保交底能够准确、清晰地被理解，交底后履行签字手续。

②安全技术交底必须有针对性、指导性及可操作性，安全交底文字资料来源于施工组织设计和专项施工方案、操作规程。

③安全技术交底不是万能的，在施工过程中依然要对安全操作规程、安全措施、安全技术交底的执行情况进行实时检查，及时发现并纠正违章作业，杜绝违章指挥。

④安全技术交底应根据施工过程的变化，及时补充新内容，施工方案、方法改变时要重新进行安全技术交底。

5

竣工验收与结算

5.1 如何进行项目自检

园林项目经理
成长手记

项目自检进行中。

知识链接

项目自检的重要性

①自检可以减少正式验收时的问题数量，免得影响验收。

②自检可以是项目部人员自己开展，也可以邀请公司相关人员参加。把角色从施工者转换成验收者，也许会发现一些之前忽略的问题。

③正式验收之前，可以约相关验收人员进行预验收，发现问题立刻整改，这样有利于更加顺利地完成正式验收。

5.2 竣工图绘制需要注意什么

此前和你强调过，竣工图一定要边干边画，每天画一点儿，就不会占用太多时间。等完工了再画，验收移交日期就又得延后了！

园林项目经理
成长手记

知识链接

竣工图绘制注意事项

①边干边画。在验收移交时要用到竣工图，完工后才开始画就会耽误进度。一定要养成习惯，边干边画，这样施工完成，竣工图也随之完成，可以随时进行验收移交。

②所有工序都要体现在竣工图上。竣工图是重要的结算资料，图纸没体现的内容，很有可能无法结算。因此，工艺工法的每一步，都要在图纸上有所体现，如果有一些内容没办法画在图纸上，那就要在图纸上写好备注说明。例如，地被实际是按照每平方米 64 株的密度栽植，但图纸上却画成了每平方米 49 株，结算的时候就很可能按照每平方米 49 株结算。

③负责结算的人员要提前审图。提前审图可以避免结算时才发现竣工图中的问题，避免损失。

5.3 物业移交需要注意什么

园林项目经理
成长手记

1. 竣工验收和物业移交

竣工验收：指建设工程依照国家有关法律法规及工程建设标准和规范的规定，完成工程设计文件要求和合同约定的各项内容，建设单位取得政府有关主管部门（或其委托机构）出具的工程施工质量、消防、规划、环保、城建等验收文件或准许使用文件后，组织工程竣工验收并编制完成《建设工程竣工验收报告》。简单来说，竣工验收结束意味着项目完工，已具备移交业主使用的条件。

物业移交：指物业管理企业在进入正式接管前的最后一项工作程序。项目完工后，需要通过物业移交把项目的物业管理权移交给建设方指定的物业单位。

2. 竣工验收的注意事项

正式的竣工验收，最重要的是要保证现场的干净整洁，第一印象很关键。另外，准备好接待可能用到的物资，方便验收时使用，注重细节，沟通起来总会顺畅一些。

3. 竣工验收单填写注意事项

建议大家在竣工验收单上写明"从 × 年 × 月 × 日起进入养护期"，这样可以避免将来养护期限的不明确。一般来说，确定养护期会参考以下三种情况：实际验收日期、签字人员所签的最晚日期和验收单上写明的养护开始日期。一般来说，验收单上写明的日期是最早的。

4. 物业移交需要准备的资料

移交资料主要有物业移交单、竣工图，有的物业会需要提供设施使用说明书和养护计划书。物业移交单填写的时候需要标明可移动、易丢失或易损坏的设施，如桌椅板凳、摆件等。移交时要多保留影像资料（照片、录像）作为记录，免得将来发生纠纷。

①设施使用说明书：物业的日常维护人员并不一定都能看得懂水电施工图，所以需要写一个使用说明，方便日常使用。例如，绿化的取水阀在哪里，给水管的阀门在哪里，电箱里的每一个按钮的作用，如何控制灯具的开关，如何设置灯具自动开关的时间，水景的水泵如何控制以及水景如何补水、换水、泄水等。如果园区里还有其他需要物业维护的设施，也要提供相应的使用说明。

②养护计划书：用以说明日常养护的计划。项目移交物业后，养护工作要服从物业的安排，物业公司会要求项目部提供养护计划书，避免项目部的养护工作和物业的日常管理发生冲突。一般来说，主要需要注意的是修剪、除草、打药的时间，避免对业主造成影响。

5. 分清责任

物业移交工作完成后，项目部还要进行养护，需要和物业划清界限，明确责任。前面提到过，可移动设施的保管在移交之后，丢失和人为的损坏都属于物业的责任，不可移动的设施也如此界定责任。苗木、铺装、灯具等在养护期内，如果发生了非质量原因的人为损坏，也属于物业的责任。

最容易和物业发生分歧的是水费。养护期间的电费基本不会发生，但是水费会比较多，一般合同里都会约定养护水费由施工单位承担。如果物业的保洁常年用项目的养护用水，也是一笔不小的开支，建议单独给物业设置室外清洁用水的地方，也可以单独装一台水表。

另外，水景用水也容易被忽略，但清洗一次或者换一次水都需要用掉不少水，尤其是北方的水景，很容易脏。因此，可以给每个水景单独装水表，这个费用也应该由物业来负责。

5.4 如何利用剩余物资

园林项目经理
成长手记

物资清点注意事项

物业移交时，项目部要尽快把多余的物资清理出场，所以要提前进行物资清点。

①把养护期能用得到的材料和工具清点出来，移交给养护人员，建议找物业协调一个仓库或者在他们的仓库里找一块地方用来储备养护工具。

②一些对项目来说价值不大，但是对于物业来讲比较有用的物资，可以送给物业，用于养护工作的开展，同时也增进双方友好合作关系。如灯泡，原则上灯泡坏了需要物业更换，但如果项目有剩余，可以送一些给物业。

③其他项目能继续利用的物资，及时整理做好移交，注意做好交接记录，并在公司备案。

④对于能折旧处理的物资，可以折现处理并向公司备案，资金要交回公司。

⑤最后剩下的物资做好登记备案后要尽快处理。如死树、石材等，有需要的自行拉走，其他做垃圾清理。

5.5 项目总结会议怎么开

项目成本总结会

1. 项目总结会的时间

项目总结会一定要及时开，趁着大家对于项目中发生的事情还记忆犹新的时候复盘整个项目过程的效果最佳。

2. 项目总结会的参会人员

项目总结会针对不同的参会人员侧重于不同的内容，可以多开几次。例如，关于经营指标的总结会，商务和成本人员一定要参加；关于品质的总结会，公司负责质量技术的相关人员要参加；关于现场管理的总结会，可以单独跟分包单位开一个总结会。

3. 项目总结会的要点

避免将总结会开成批评会或者表彰会。开总结会的时候要刻意引导大家，让大家能够敢于发言，真正把问题暴露出来，发挥总结会的作用。

4. 项目总结会的主要内容

①项目成本管理。项目做完是否有盈利，哪里赚了，哪里亏了，哪里本应是赚钱的结果干成亏钱的，哪里本来是亏钱的结果赚钱了，都要做出总结，重点要放在亏损项的原因分析和成本优化项的经验积累上。另外还要注意在投标阶段

是否存在缺项漏项或报价失误的情况，并借此机会复盘。

②项目进度管理。把项目的实际进度情况和前期制定的进度计划进行比对，重点比对重要节点的完成情况。通过比对分析出偏差原因，如果是因为计划开始排得太过于理想化，那么在今后排计划的过程中就要把其中可能发生的因素都考虑进去，增强计划的落地性；如果是由于过程管理不到位而导致进度的偏差，那就要分析出原因，今后加强管理。

③项目质量管理。分析做得比较好的方面采取了哪些质量管理措施，做得不够好的方面又是什么原因，今后应该如何加强管理。

④项目安全管理。同样要分析、总结出做得比较好的方面的管理措施，还要分析做得不够好的方面都是什么原因，今后应该如何加强管理。

5.做好会议记录

要用文字加图片的形式把总结的经验教训记录下来，便于交流学习，争取在以后的工作中能够把优点发扬光大，把之前踩过的坑尽量避开。

5.6　如何做结算策划

园林项目经理
成长手记

结算策划的内容

①分析合同条款。结算时一旦遇到争议，要查看相关的合同条款是如何约定的。例如，结算上报的时间、结算上报的流程、结算资料的要求、签证变更相关的要求、施工范围、安全文明施工范围、技术要求等。

②了解结算流程及关键人员。需要了解结算的整个流程，如审核次数，还要弄清楚每个环节的负责人。很多项目在结算时大量的基础性工作都是由咨询公司来完成的，而需要决策的事项则是由建设方核算成本的人员来决定的。进场之后要尽早通过一两个签证或变更，建立起与咨询公司和建设方相关人员的联系，熟悉他们的工作习惯及风格，从而能够采用更有针对性的工作方法。

③对结算内容进行分类。结算内容不管是合同内的还是合同外的，可以分成三类，建设方能结算的、不能结算的、可结算可不结算的。

④制定结算策略。一般的合同内容，在结算时不用太过关注，只需要检查一下会不会有公式错误、链接错误之类的低级错误。有些内容建设方是肯定不给结算的，要做到心中有数。这里重点强调一下，在施工过程中就要预判建设方可能会结算困难的部分，留好证据，想办法在施工过程中以合法合规的方式解决掉。如果留到结算时再去解决，结果往往都不太理想。

5.7 结算资料都包含什么

1. 结算资料包含的内容

结算资料清单

序号	结算资料包含的内容
1	项目立项及批复文件
2	工程概预算及批复文件
3	招标文件
4	合同文件
5	图纸会审记录
6	工程竣工图纸
7	工程设计变更、签证
8	工程结算书
9	工程量计算书
10	监理工程师通知或建设单位施工指令
11	会议纪要
12	施工组织设计
13	工程地质勘察报告及水文资料
14	工程开工、竣工验收报告
15	其他结算资料

2. 结算资料注意事项

①图纸会审记录是一个重要的结算资料，涉及设计变更和工程洽商的依据。图纸会审时要明确是否能够结合现场情况对苗木的品种、规格、数量做出调整，保证调整有依据，也方便后期沟通设计变更。

②和建设方沟通要留下证据，草签、电子邮件、短信或微信聊天记录都可以，方便后期结算时解决争议。

③竣工图要能体现所有的工艺工法，无法画在图纸上的也要在上面写好备注，避免出现无法结算的情况。竣工图画完要盖竣工图章并签字。竣工图章的样式很多，注意建设方或监理对此是否有明确要求。另外，有些建设方规定结算时用到的竣工图上必须有建设方相关人员的签字。

④不同建设方对设计变更资料以及流程的要求不尽相同，一定要了解清楚，避免资料不完整，同时必须有设计单位的签字和盖章。

⑤了解清楚建设方对签证洽商的要求及相关流程。首先，明确签字人员的有效性，避免返工；其次，明确签证洽商的资料组成，一般来说，指令单必不可少（后补风险较高），有些还需要反馈单来反馈签证洽商的完成情况，但无论怎样，都需要附上图纸来说明签证洽商发生的内容以及具体位置，还要提供施工前、施工过程中以及施工完成后的照片；最后，要注意各个公司对签证洽商的特殊要求，如内容描述、单份签证金额和签证洽商的流程等。

⑥各建设方对于结算书的要求也不尽相同，应按要求进行编写。重点关注结算书的编制说明，大概包括以下内容：a. 项目立项批复情况；b. 工程概况、施工工期、质量标准等相关内容；c. 工程承包范围、合同形式、合同金额等内容；d. 单项工程、单位工程、分部和分项（专业）工程的结算范围，存在问题以及其他必须加以说明的事宜等；e. 结算所采用的图纸及编号、采用的计价方法和依据、施工合同、招标投标文件、甲乙双方共同确认的材料及其他有关资料等结算依据；f. 编制说明一定要结合项目的实际情况进行填写，把需要说明的事项全部写清楚，尤其是涉及索赔或者认价、认量的事项。

⑦其他结算资料。监理工程师通知、建设单位施工指令、会议纪要等日常性资料一定要保管好，这些资料里可能包含一些签证变更发生的依据或便于认价的内容。

6

项目养护阶段

6.1 养护期需要注意什么

喷洒农药要提前通知，并尽量避开人们的活动时间！

1. 养护阶段的安全管理

①工人的健康状况。养护工人的年龄一般偏大，要定期给工人体检，重点关注是否有心脑血管方面的疾病。即使项目再小，也要配备两个人，相互之间能有个照应，万一出了意外也能及时发现。如果条件不允许，那就要加强巡视力度，随时视频沟通，及时了解工人情况。

②将日常的安全管理落到实处。养护期和施工期一样，所有的安全管理事项一个不落，包括工人定期体检、安全交底、安全教育，还有日常的安全巡查、隐患排查等。重点要提的是农药的日常管理，农药要堆放在固定地点并集中管理。尤其注意，

不得购买国家明令禁止的、毒性强的农药。

③安全资料必须规范、齐全。体检记录、安全交底、安全教育、日常安全巡查、隐患排查、农药管理、养护日志等，该做的一点儿都不能比施工期少。

④注意苗木的安全。虽然从原则上讲，移交物业后物业要对整个项目的财物安全负责，但由于苗木还没有完全移交给物业，所以也有一定的保管责任。

2. 养护管理的注意事项

日常的养护主要就是浇水、病虫害防治、修剪、施肥，下面介绍几点养护管理的注意事项。

①养护计划。把每个月需要注意的问题提前说清楚，如本月需要防治哪些病虫害、多久浇一次水、除一次草等。还有，针对重点苗木需要注意的事项，也要在养护计划里阐述清楚。

②养护日志。管理人员要了解工人每天都做了哪些工作，还有哪些工作需要提醒。

③重点苗木要挂牌养护。在养护牌上记录每次的浇水、打药时间等，避免多浇水，也防止少浇、漏浇。

④维修要及时。要和物业保持良好的沟通，一般物业都会有专门的维修人员，如果遇到了一般性的小问题，可以有偿向

物业寻求帮助，综合算下来一般不会比自己维修的成本高，还能节省很多管理精力。

⑤不扰民。进入养护期后，养护作业要严格遵守物业的要求。一是要注意把噪声比较大的作业，如除草，避开人们的休息时间；二是喷洒农药尽量安排在人们的休息时间，避开人们日常户外活动时间。

⑥保持美观。首先，苗木要及时进行修剪。其次，修剪时要注意保持苗木的美观，避免越修越丑。最后，要及时清理养护作业产生的垃圾，保持环境的美观与整洁。

6.2　如何进行养护期移交

园林项目经理
成长手记

1. 提前沟通，确定接手的养护单位

多年经验表明，导致养护期结束还迟迟不能顺利移交的理由大都是没找到接手的养护单位，甚至有的物业给出的理由是忘记寻找养护单位。建议大家提前两到三个月就要告知物业合同约定的移交时间，让他们提前联系新的养护单位。

2. 提前更换死亡苗木

在养护期移交时，工作量最大且最麻烦的就是死亡苗木的更换。及早启动死苗更换工作，尽量赶在春秋两季气候合适的时候进行更换。遇到要求严格的物业，移交时新换的苗木还要重新计算养护期，甚至还有可能要求所有的绿化都要延长养护期。如果遇到这种情况，一是要查找合同里的相关规定，另一个就是要想办法和物业进行良好的沟通。

3. 水电维修

移交时，物业最关心的是使用功能是否有隐患，尤其是水电方面的隐患。如果移交前出现水景漏水，一定要做好维修，而且还需要运行一段时间确保它不再漏水。但是实践证明，水景漏水往往最难处理，即使花了大力气维修，也不一定能坚持多长时间。因此，水景最好在施工时就控制好各项工艺，争取做到不漏水才是最根本的解决办法。

另外，需要检查景观照明灯尤其是路灯是否正常，有没有频繁跳闸的情况。电气线路一旦出问题，维修起来会比较麻烦，就像水景漏水一样，避免维修的最好办法就是施工时严格把控质量。

4. 其他维修

至于其他维修如石材破损、园路下沉等，需要提前跟物业沟通，然后集中时间安排处理。

5. 回款才是结束

办理完移交手续是不是代表项目就结束了？别忘了还有质保金没收回来。质保金的请款手续要提前准备，移交手续办完，马上请款。直到质保金到账，这个项目才算真正结束。

附赠

扫码下载音频课